NOTIONS

ÉLÉMENTAIRES

D'ANATOMIE ET DE PHYSIOLOGIE HUMAINES

Par Camille BODÉ DE LA FENESTRE

Ouvrage couronné par la Société pour l'instruction élémentaire.

> La nature nous montre les instrumens,
> mais elle nous cache son travail.
>
> PASCAL.

PARIS,

RUE TARANNE, No ..

Et chez L. COLAS, libraire, ...

NOTIONS ÉLÉMENTAIRES

D'ANATOMIE ET DE PHYSIOLOGIE

HUMAINES.

IMPRIMERIE DE E. DUVERGER,
rue de Verneuil, n° 4.

NOTIONS

ÉLÉMENTAIRES

D'ANATOMIE ET DE PHYSIOLOGIE

HUMAINES,

Par Camille JUBÉ DE LA PERRELLE.

Ouvrage couronné par la société pour l'instruction élémentaire.

> La nature nous montre ses instrumens,
> mais elle nous cache son travail.
>
> Pascal.

PARIS.

RUE TARANNE, N° 12

Et chez L. COLAS, libraire, rue Dauphine, n° 32.

1834

SOCIÉTÉ

POUR

L'INSTRUCTION ÉLÉMENTAIRE.

EXTRAIT

DU PROCÈS-VERBAL DE LA SÉANCE GÉNÉRALE

du 4 mai 1834.

.... Le mémoire envoyé au concours, pour la composition de livres d'instruction élémentaire, inscrit sous le n° 7, a pour titre : *Notions élémentaires d'Anatomie et de Physiologie humaines*, et pour épigraphe, cette belle pensée de Pascal : « *La nature nous montre ses instrumens, mais elle nous cache son travail.* »

1

La commission a été frappée de l'esprit de méthode et de clarté qui a présidé à la rédaction de cet intéressant travail. Fidèle à l'inspiration de son épigraphe, l'auteur, en décrivant les diverses fonctions de la vie humaine, a fait voir, dans la perfection de nos organes, la perfection bien autrement infinie de notre Créateur; il a montré, d'une manière élégante et facile, que les dispositions matérielles du corps humain et le mécanisme admirable sur lequel repose le jeu de tous les phénomènes de l'existence ne donnent, après tout, que la connaissance des résultats, et qu'il faut toujours chercher hors du cercle des causes physiques la raison suprême qui nous anime et qui nous a réservés à de si hautes destinées.

Des figures anatomiques, intercalées dans le texte, lui prêtent un secours dont une pareille question ne pourrait se passer; elles facilitent l'intelligence des descriptions et fixent les idées sur la forme et les rapports des instrumens de la vie.

Votre commission a pensé qu'il y avait un intérêt incontestable à répandre dans les écoles des connaissances élémentaires sur les fonctions de la vie et sur la structure du corps humain; elle croit qu'il est utile de familiariser de bonne heure l'esprit des enfans avec des connaissances salutaires qui les prémuniront contre les prétentions dangereuses de ce matérialisme abject et monstrueux, dont le 18e siècle a déposé les germes corrupteurs, et qu'il est de notre devoir d'étouffer et de détruire. C'est à tort qu'on a cru jusqu'à ce jour que de pareils enseignemens n'étaient pas susceptibles d'être compris par la jeunesse; l'auteur du traité, dont nous vous entretenons, s'est facilement rendu maître des difficultés de son sujet, et il a répondu victorieusement à ceux qui, ne traitant jamais la science que dans ses abstractions spéculatives, nient l'utilité d'ouvrages élémentaires qu'ils ne sauraient pas écrire. C'est avec un vif plaisir que votre commission vous propose l'adoption de ce livre pour être donné en lecture dans nos écoles; elle le regarde comme destiné à augmenter l'intérêt des petits traités d'hygiène populaire et de médecine domestique.

En conséquence, votre commission a pensé que l'intérêt de ce travail doit mériter à son auteur le prix du concours de cette année.

L'ouverture du billet cacheté annexé au mémoire à fait connaître que l'auteur des *Notions élémentaires d'Anatomie et de Physiologie humaines* est M. Camille Jubé, de la Perrelle.

Signé, ACHILLE COMTE, rapporteur;
DELACOUR, colonel DURIVAU,
FRANCŒUR, J.-B. PERRIER.

Pour extrait conforme :

Le secrétaire général,

H. BOULAY DE LA MEURTHE.

NOTIONS ÉLÉMENTAIRES
D'ANATOMIE ET DE PHYSIOLOGIE
HUMAINES.

Jeté sur la terre au milieu de nombreux ennemis, obligé de courir au loin pour chercher sa nourriture, l'homme n'aurait pu exister s'il n'avait eu dans son organisation des moyens de se transporter d'un lieu à un autre et de s'emparer des divers objets dont l'usage lui était nécessaire. Ces moyens sont les organes du mouvement qui ont à remplir des fonctions bien différentes à l'égard les uns des autres; ils sont de deux sortes; les premiers font mouvoir les seconds. Nous nous occuperons d'abord des derniers. Ils se composent de ces parties solides et résistantes que l'on nomme des os, et dont la réunion constitue le squelette, espèce de charpente qui, destinée à soutenir les organes les plus importans de la vie, donne au corps sa force, arrête ses formes et ses dimensions et l'empêche de s'affaisser sur lui-même et de représenter ainsi aux yeux une masse inerte et sans vigueur.

1,

L'on conçoit sans peine que si les os étaient d'un seul et même morceau depuis le sommet de la tête jusqu'à la plante des pieds, ils n'auraient présenté aucun avantage et auraient privé l'homme de la souplesse nécessaire à ses mouvemens. Ainsi les os qui constituent le squelette ne sont pas tous soudés entre eux; mais bien unis au moyen d'articulations mobiles ou immobiles suivant les besoins et la destination des os auxquels elles sont adaptées.

Les os ont plusieurs formes; ils sont tantôt longs, tantôt courts, tantôt plats; les os qui se trouvent dans les divers membres, c'est-à-dire les os des bras et des jambes, offrent la forme d'un bâton renflé à ses deux bouts, comme on peut le voir dans la figure ci-jointe. Ils sont ronds et creux, afin de ne pas être lourds; ils s'élargissent à leurs extrémités, c'est-à-dire aux points où se trouvent les articulations, afin que les mouvemens qui leur sont imprimés puissent avoir lieu avec plus de sûreté et sans qu'il y ait à craindre que les deux os qui se touchent, ne restent plus bout à bout; la partie extérieure est dure tandis que la partie intérieure est molle; c'est pour cela qu'on l'appelle moelle. Tous ces caractères peuvent les faire comparer aux branches du sureau dont on se sert pour faire

Z
C
M
S
CL
H
V
B
C
R
P
CA
MC
P
T
P
TA
MT

un jouet d'enfant appelé canonnière. — On sait
en effet que dans cet arbre le bois est creux, renferme de la moelle, et de distance en distance
présente des nœuds qui peuvent être regardés
comme des articulations immobiles. Dans les os
les articulations, lorsquelles sont mobiles, sont
recouvertes d'une certaine substance élastique
appelée cartilage, qui amortit les chocs trop
rudes; et pour qu'elles puissent se mouvoir plus
facilement l'une sur l'autre, elles sont enduites
d'un certain liquide gras et visqueux; c'est ainsi
qu'on emploie ce procédé dans l'économie domestique, lorsqu'on introduit de l'huile dans une
serrure ou qu'on en verse quelques gouttes entre
les gonds d'une porte pour les faire rouler plus
facilement l'un sur l'autre. Il est bon de dire que
les articulations s'emboîtent très exactement, et
qu'elles sont retenues ensemble dans des gaînes
qui les recouvrent et qui portent le nom de liga-
mens.

Maintenant que nous avons émis quelques idées
sur la nature des os, passons à leur disposition
dans le squelette.

Le squelette se partage en deux grandes divisions, savoir : d'un côté, le tronc, dans lequel
on trouve la tête, la colonne vertébrale, la poitrine et les hanches; d'un autre côté, les mem-

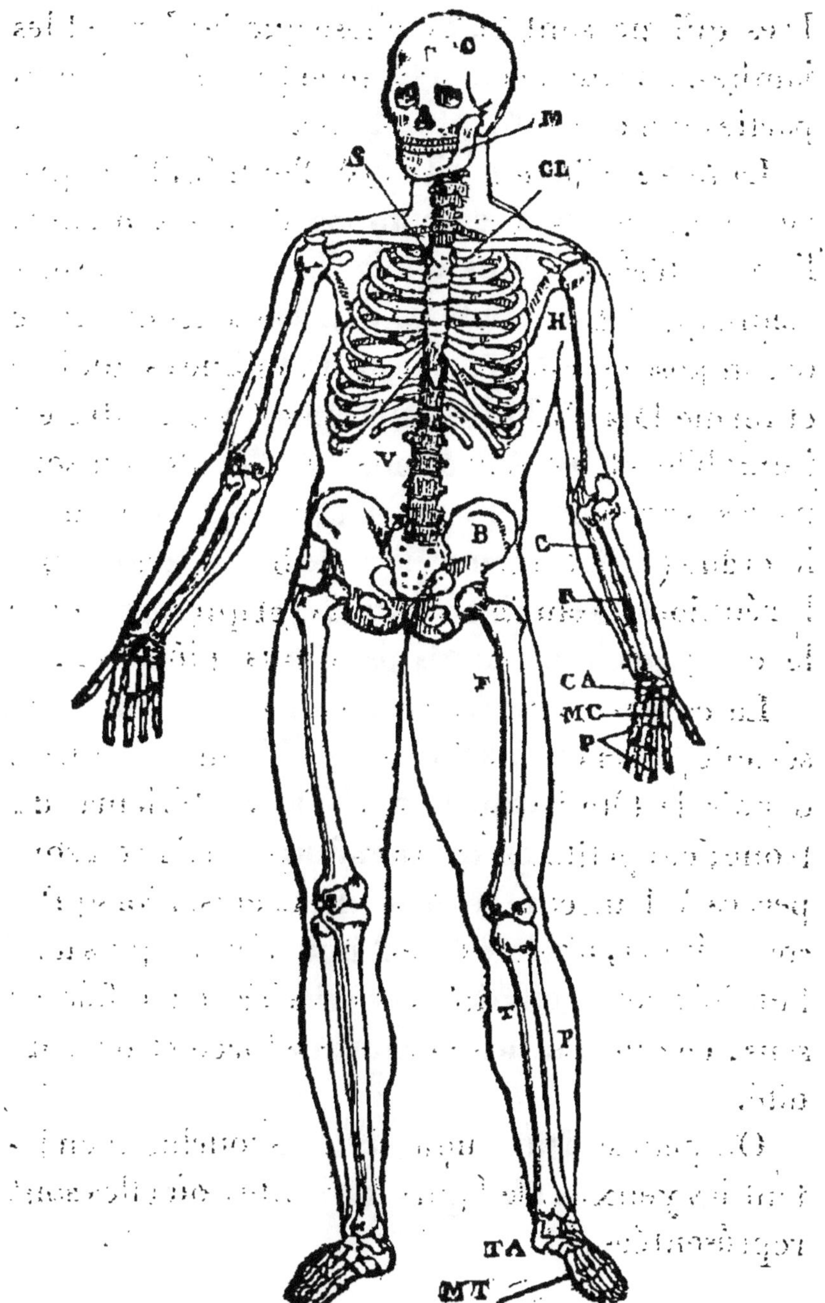
O
M
CL
H
V
B
C
R
F
CA
MC
P
T
P
TA
MT

bres qui ne sont autre chose que les bras et les jambes. Commençons l'examen par les différentes parties qui constituent le tronc.

La *tête* : elle est située à l'extrémité supérieure du corps et se compose de deux parties, l'une antérieure qui est la face, l'autre postérieure qui est le crâne (C). La face elle-même se décompose en deux parties, dont l'une est mobile et forme la mâchoire inférieure (M), l'autre est immobile et présente plusieurs cavités où sont placés les yeux et le nez. La partie postérieure, le crâne (C) est une espèce de boîte formée par la réunion de plusieurs os plats, et qui sert à loger le cerveau, dont nous parlerons plus tard.

La *colonne vertébrale* : on nomme ainsi une série de petits os placés à la suite les uns des autres, depuis la tête jusqu'à la partie postérieure du tronc; ces petits os, qu'on nomme vertèbres, sont percés à leur centre et forment ainsi, lorsqu'ils sont réunis, un canal dont nous verrons plus tard l'utilité; cette colonne est courbée en différens sens, ce qui lui donne plus de force et de solidité.

On peut se faire une idée de ces courbures en jetant les yeux sur la figure ci-jointe, où elles sont représentées.

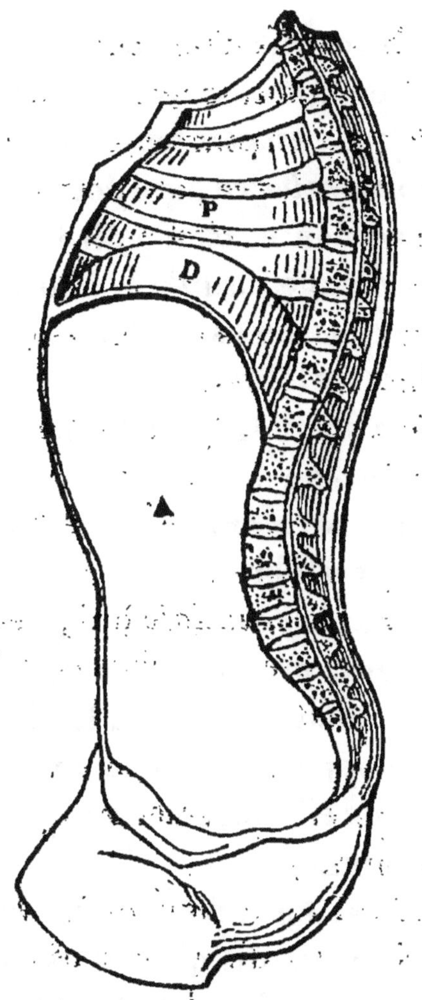

La colonne vertébrale se divise en cinq régions qui ont des noms particuliers, savoir :

La *région cervicale*, qui forme le cou ; elle est composée de sept vertèbres.

La *région dorsale*, qui forme le dos ; c'est à cette partie de la colonne vertébrale que viennent s'attacher des os qu'on nomme côtes, et qui, en se recourbant en avant, forment la poitrine (voir la figure, p. 9); elle est composée de douze vertèbres.

La *région lombaire*, qui commence où se termine la précédente, c'est-à-dire après les côtes, et qui se prolonge jusqu'à la hauteur de deux os plats qu'on nomme os des hanches; elle se compose de cinq vertèbres.

La *région sacrée*, dont toutes les parties sont soudées entre elles de manière à ne former qu'un seul et même os, nommé sacrum; elle se compose de cinq vertèbres.

Enfin la *région caudale* qui, très peu étendue chez l'homme, présente chez certains animaux, tels que le chien, le bœuf, le cheval, etc., un grand développement en formant leur queue. Chez l'homme elle ne renferme que quatre vertèbres très minimes.

La *poitrine* : en indiquant les vertèbres dorsales, nous avons dit qu'aux os qui les composaient, venaient se joindre d'autres os qui, se recourbant en avant, formaient une cavité assez spacieuse. C'est la réunion de ces os, qu'on nomme côtes, qui constitue la poitrine; par-devant ils viennent se joindre à l'os plat qu'on nomme sternum (S).

Les *hanches* : elles sont formées par deux os

larges, qui s'articulent en arrière avec l'os sacrum et forment cette espèce de ceinture osseuse appelée bassin (B).

Passons maintenant à la décomposition des membres; ils se divisent en membres supérieurs (l'épaule, le bras, l'avant-bras et la main) et en membres inférieurs (la hanche, la cuisse, la jambe et le pied).

L'épaule : deux os la forment : l'omoplate, située en arrière, la clavicule (CL) située en avant; ces deux os se réunissent, et c'est par leur moyen que les membres supérieurs tiennent au tronc.

Le *bras :* un seul os le forme, il s'appelle humérus (Voyez la figure lettre H); l'un de ses bouts s'articule avec l'omoplate.

L'avant-bras : il est composé de deux os, auxquels on a donné le nom de radius (R) et de cubitus (C); ils s'articulent l'un et l'autre avec l'humérus.

La *main :* elle se divise en trois régions : le carpe, le métacarpe et les phalanges.

Le carpe se compose de huit petits os représentés dans la figure par les lettres CA.

Le métacarpe (MC) est composé de cinq os allongés, qui font pour ainsi dire l'origine des doigts; chaque doigt se compose de trois os (le pouce n'en a que deux) ajustés à la suite les uns des autres (P) et qui reçoivent différens noms ; ceux qui touchent le métacarpe s'appellent phalanges: ceux qui se trouvent au milieu, phalangines; et ceux qui terminent les doigts, phalangettes; c'est sur ces derniers que les ongles sont placés.

Nous avons vu que le bras se composait d'un seul os, l'humérus ; de même la cuisse se compose d'un seul os, le fémur (F), qui s'articule avec l'os des hanches à sa partie supérieure.

L'avant-bras se compose de deux os, le cubitus et le radius ; la jambe de même se compose de deux os, le péroné (P) et le tibia (T) qui tous deux s'articulent avec le fémur, comme le cubitus et le radius s'articulaient avec l'humérus. Au-devant de l'articulation de ces deux os avec le fémur, existe un os de forme lenticulaire nommé rotule, destiné à borner l'extension de la jambe sur la cuisse.

La main est divisée en trois régions ; le pied est divisé aussi en trois régions; le tarse, le métatarse et les orteils. Le tarse (TA) se compose de sept petits os, le métatarse (MT) de cinq, et les orteils qui remplacent les doigts de la main, sont représentés par une même quantité d'os disposés de même façon et portant le même nom; phalanges, phalangines, phalangettes. Il y a donc parité parfaite; seulement les os de la main sont plus longs et par conséquent plus aptes à se plier aux divers mouvemens qu'on veut leur imprimer.

Tels sont les os qui constituent le squelette; mais l'on concevra facilement que ces os ne peuvent mettre l'homme à même de changer de lieu. Il faut pour cela qu'il ait quelques moyens de remuer cette charpente, de faire mouvoir ces os en différens sens, et c'est dans ce but que la nature prévoyante a recouvert ces os de certaines substances charnues qui, suivant les diverses impulsions de la volonté humaine, se contractent ou s'allongent et mettent ainsi en mouvement les os que nous venons d'examiner.

Ces substances charnues prennent le nom de muscles, et c'est cette partie du corps des animaux, qui, sous la dénomination de viande, est vendue pour la nourriture de l'homme.

Les muscles sont fixés aux os, qu'ils doivent faire mouvoir, au moyen d'une autre substance blanchâtre appelée tendons; leur nature peut être comparée à la nature de la gomme élastique qui s'allonge et diminue d'épaisseur lorsqu'on la tire en sens opposé, et qui, lorsqu'elle est abandonnée à elle-même, reprend sa première forme en gagnant en largeur ce qu'elle a perdu en longueur. Une figure fera comprendre facilement ce que nous venons de dire; ainsi dans

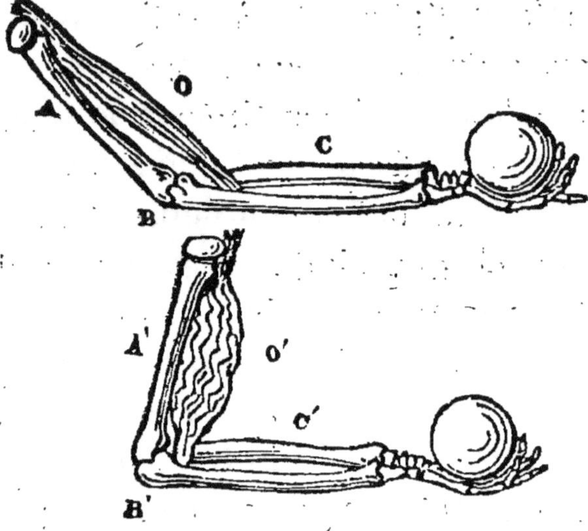

la figure 1ʳᵉ le muscle (O) est allongé; aussi offre-t-il une surface très étroite; mais dans la seconde figure, il se contracte, perd de son étendue en longueur et en acquiert une plus considérable en largeur. Le muscle représenté ici est celui qui sert à rapprocher l'avant-bras du bras; aussi remarque-t-on que toutes les fois que l'on veut porter la main vers l'épaule, on sent une grosseur se former sur le bras; cette grosseur n'est autre chose que le produit de la contraction du muscle qui est dans la figure. Cette figure montre en outre quel est le changement de direction qu'éprouvent les filamens du muscle au moment de sa contraction; dans le muscle en repos, ils suivent une direction longitudinale; dans le muscle contracté, ils sont brisés en zig-zag, circonstance qui explique à elle seule leur raccourcissement.

Les muscles sont très nombreux; on en compte jusqu'a 470. Ils sont soumis à différentes divisions dont l'énumération serait déplacée ici.

Il est bon de remarquer que les muscles sont toujours entre le centre du corps et la partie du squelette qu'ils sont appelés à faire mouvoir. Ainsi nous avons vu tout à l'heure que le muscle destiné à imprimer le mouvement à l'avant-bras était situé sur l'humérus. Il en est de même pour tous les autres. Dans la figure ci-après on a cherché à donner, au moyen de ficelles tenant les lieu et place de muscles, une idée de la manière dont ils agissent pour faire mouvoir les os du squelette.

Voilà donc les os de l'homme soutenus par des cordes très élastiques, qui les empêchent de tomber à droite ou à gauche. Mais cela suffit-il? l'homme pour cela marchera-t-il? changera-t-il ses bras de place? pourra-t-il les porter en avant, les retirer en arrière? Non, évidemment non; car si, dans la figure, on ne tire pas les cordes qu'on y a représentées, les os auxquels elles sont adaptées resteront dans la même position; il faut donc un nouvel agent pour les mettre en mouvement et ces agens chez l'homme, sont les

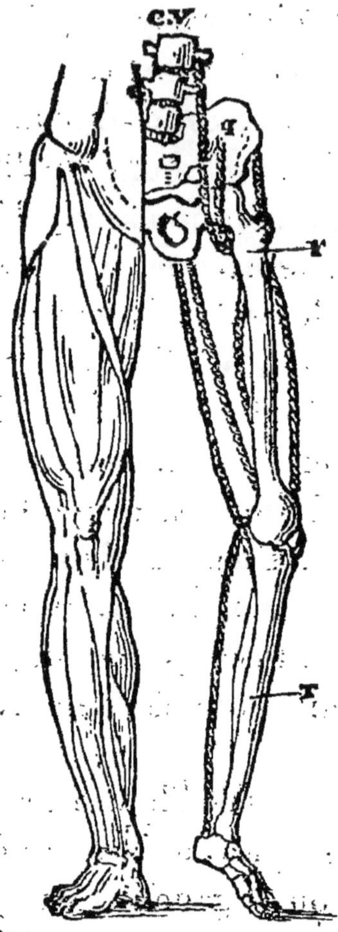

nerfs, qui obéissent à sa volonté, impriment à tous les muscles les mouvemens que ceux-ci communiquent aux os. On voit par-là de quelle importance sont les nerfs pour l'homme; cette importance est si grande que, lorsque quelques nerfs sont malades, la partie du corps qu'ils doivent animer est subitement privée de mouvement; c'est ce qu'on appelle paralysie.

Les nerfs sont des cordons blancs et minces qui parcourent les divers organes et qui tous se réunissent au cerveau ou à la moelle épinière.

Le premier de ces deux corps, le cerveau, est contenu dans la boîte osseuse que nous avons décrite à l'occasion de la tête, et que nous nommons crâne; le second, la moelle épinière, est placé dans le canal formé par la réunion des trous dont est percée chaque vertèbre.

L'ensemble de ces différentes parties, le cerveau, la moelle épinière et les filets nerveux, a reçu le nom de système nerveux. Comme nous l'avons dit, il envoie dans toutes les parties du corps de nombreux filets nerveux chargés d'y transmettre les influences de la volonté.

A côté des nerfs, qui n'agissent que sous cette influence, se trouve un autre appareil dont l'action est entièrement soustraite à l'empire de l'esprit; cet appareil indispensable aux fonctions de la vie organique porte le nom de nerf grand sympathique; les ganglions, petites masses nerveuses qui le forment, sont disposées le long de la colonne vertébrale et envoient des filets sur le cœur, les poumons, l'estomac, etc.

Revenons maintenant au système nerveux dont nous avons parlé, et qu'on nomme système cérébro-spinal. Nous avons dit que le cerveau

était compris dans la boîte osseuse du crâne (voir
la figure ci-jointe).

C'est un viscère (1) assez volumineux, de forme ovale, et qui est divisé en deux parties égales d'avant en arrière, qu'on nomme hémisphères du cerveau. La matière qui le compose est blanche à l'intérieur et grisâtre à l'extérieur; sa surface est loin d'être unie et présente de nombreuses inégalités. Au-dessous et en arrière du cerveau se trouve le cervelet (C), organe à peu près de même nature que le cerveau, et qui, lorsqu'on le coupe, présente à l'œil toutes les découpures d'une feuille. Enfin, au-delà du cervelet se trouve la moelle épinière (ME) qui, traversant la colonne vertébrale qui la protége, répand de là dans tout le corps les nombreux filets nerveux destinés à mettre les membres en mouvement et à leur communiquer la sensibilité, comme nous le verrons par la suite.

A la hauteur des membres antérieurs les nerfs destinés à ces membres se partagent, se ramifient, et portent les mouvemens dans les bras (PB).

A la hauteur des membres postérieurs, c'est-à-dire à la partie la plus extrême de la moelle épinière, le même effet se reproduit, et certains

(1) On entend par viscères les parties molles organiques contenues dans les grandes cavités du corps humain.

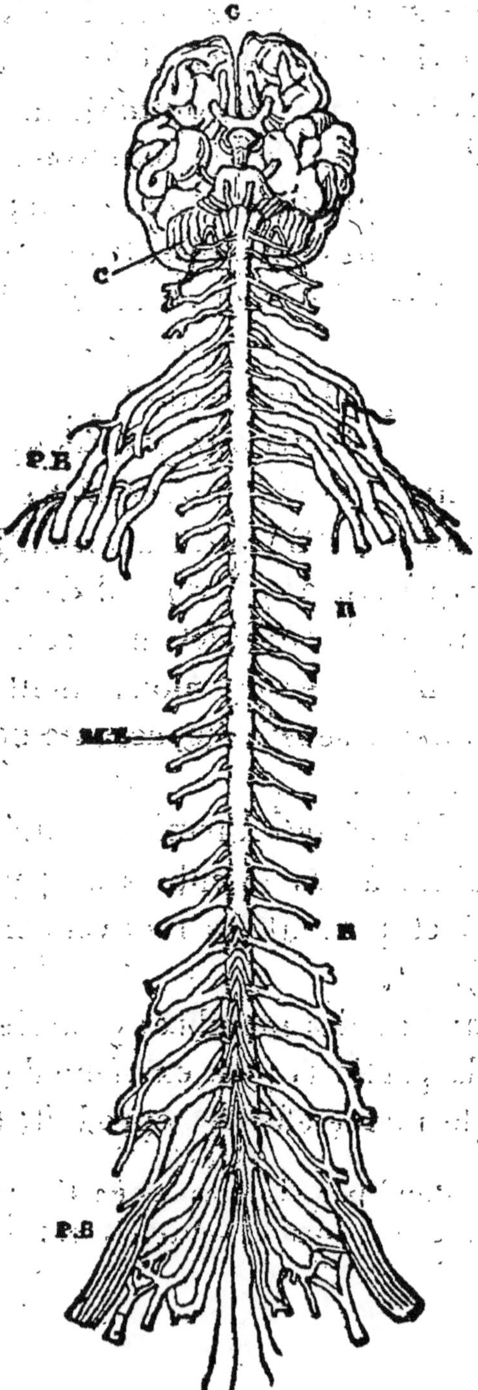

22

nerfs (P S), destinés aux jambes et aux pieds, se séparent alors de la moelle épinière et vont y servir de conducteurs à la volonté de l'homme.

Les nerfs qui, comme on le voit, se distribuent tout le long de la moelle épinière, sont doubles, c'est-à-dire qu'il s'en trouve en égal nombre de l'un et l'autre côté de la moelle épinière qui se termine par un faisceau auquel on a donné le nom de queue de cheval à cause de sa forme. Les nerfs transmettent la sensibilité tant qu'ils tiennent au cerveau, mais du moment où ils en sont séparés ils perdent toutes les facultés qui leur étaient propres, et les membres dans lesquels ils distribuaient le mouvement en sont instantanément privés. Il y a dans le corps de l'homme 43 paires de nerfs dont 13 sortent du cerveau lui-même, et 30 prennent naissance de chaque côté de la moelle épinière.

Par le mouvement combiné de ses os, de ses muscles, de ses nerfs, l'homme peut donc se mouvoir, changer de place, aller en avant, en arrière, de tous côtés. Tous ces avantages pourront-ils lui suffire? Lui seront-ils même de quelque utilité, s'il ne peut voir les lieux vers lesquels il veut se diriger, s'il ne peut sentir les objets qu'il veut saisir, s'il ne peut déguster les alimens dont il veut se nourrir, s'il ne peut entendre, afin de les prévenir, les ennemis acharnés à sa poursuite et intéressés à sa destruction?

L'homme capable de marcher seulement ne serait-il pas bien malheureux s'il était aveugle, sourd, sans faculté de toucher, de sentir? Aussi le Créateur, dans sa bienfaisance, a prévu les souffrances et les maux auxquels il serait exposé et lui a donné, pour se guider sur la terre, les sens qui sont au nombre de cinq : le toucher, l'odorat, le goût, l'ouïe et la vue.

Le TOUCHER est cette sensibilité particulière dont nous jouissons, au moyen de laquelle nous pouvons apprécier, par le contact, les corps qui nous environnent, nous rendre compte de leurs formes, de leur chaleur, de leur résistance ou de leur mollesse. Ce sens est dû aux nombreux filets nerveux qui se répandent à la surface de la peau, dont la finesse et le peu d'épaisseur permettent à l'homme d'étudier les formes les plus minutieuses des corps.

L'homme est de tous les animaux celui qui a le sens du toucher le plus parfait; sa peau, dégagée de toutes les matières qui chez d'autres animaux la recouvrent, tels que le poil chez les chiens, les plumes chez les oiseaux, les écailles chez les poissons, etc., est bien mieux disposée pour l'exercice du toucher. Il est certains peuples

chéz lesquels il existe une coutume assez singu-
lière, c'est de détruire la surface unie de la peau au
moyen de certaines incisions qu'ils se font sur le
corps. On pourra avoir une idée des résultats de
cet usage, qu'on appelle le *tatouage*, en jetant les
yeux sur la figure ci-jointe, qui représente la
tête d'un Zélandais.

Les cheveux, les poils, les ongles, les cornes,
etc., ne sont autre chose que les productions de
certains organes secréteurs qui sont logés dans
la peau. Voilà pour le toucher, passons maintenant à l'odorat.

L'ODORAT est un sens qui nous permet de juger

des qualités odorantes des corps. Le siége de ce sens se trouve placé dans une partie profonde de l'intérieur du nez, qu'on appelle fosses nasales. Une paire de nerfs, partant du cerveau, vient tapisser de ses filets nombreux une membrane

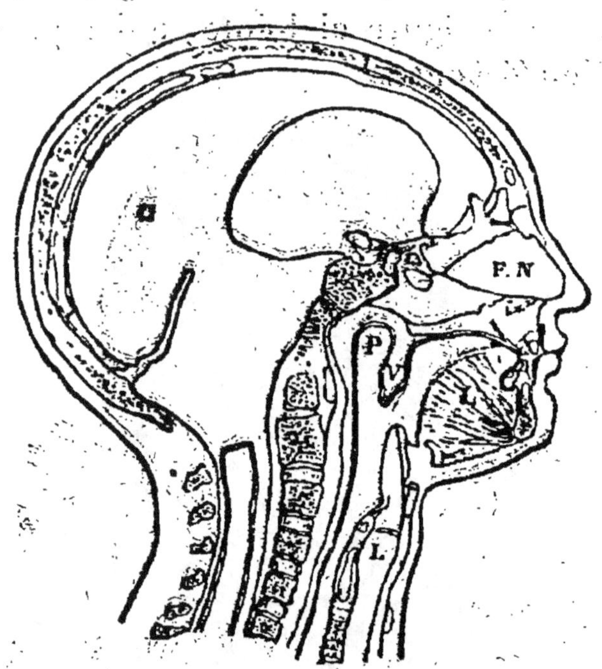

nommée pituitaire, dont l'extension est formée par les replis et les anfractuosités que présentent les fosses nasales (FN). Elle est ainsi à même de percevoir les différentes odeurs que lui apporte l'air extérieur et qu'elle transmet au cerveau.

Le GOUT est un sens qui se rapproche beaucoup de l'odorat. Il est très utile à l'homme puisqu'il lui permet de reconnaître la saveur des différentes substances qu'il porte à sa bouche. Le siége de ce sens est donc situé dans la cavité de la bouche où se trouvent la langue et la voûte du palais (voir la figure). Dans ces différentes parties de la bouche on rencontre plusieurs ramifications d'une paire de nerfs, partant également du cerveau, et qui transmettent à cet organe les impressions de ce sens.

L'ouïe est un sens au moyen duquel nous pouvons entendre les sons produits par les corps qui sont mis en mouvement autour de nous. Le siége de ce sens est dans l'oreille, qu'on peut diviser en trois parties : l'oreille externe, l'oreille moyenne et l'oreille interne.

L'oreille externe, composée du pavillon, est destinée à former l'entonnoir pour recueillir les vibrations de l'air.

L'oreille moyenne, qu'on appelle aussi la caisse du tympan, est une cavité située entre l'oreille interne et l'air extérieur; c'est là que se trouve le canal auditif, chargé de conduire, dans l'intérieur, sur le tympan les sons recueillis à l'extérieur. Dans cette caisse se trouve une chaîne de petits osselets qui, d'après leur forme, ont été appelés marteau, enclume, lenticulaire, étrier.

Enfin, l'oreille interne, placée tout-à-fait à l'intérieur comme l'indique son nom, se compose

de canaux semi-circulaires et du limaçon, espèce
de conduit plusieurs fois replié sur lui-même,
et qui est placé derrière le tympan. Le tympan
est une membrane mince et tendue comme la
peau d'un tambour, sur laquelle viennent frapper
les sons du dehors. Il existe dans l'intérieur de
la cavité qu'il recouvre plusieurs ouvertures qui
communiquent avec les canaux semi-circulaires
dont nous avons déjà parlé. Les vibrations so-
nores, enfin parvenues dans l'intérieur de la tête,
au moyen de l'appareil que nous venons de dé-
crire, sont perçus par les nerfs acoustiques qui
transmettent les sensations auditives au cerveau.

La VUE est le sens qui, ayant son siége dans
l'œil, nous fait juger, au moyen de la lumière,
de la grandeur, de la couleur, de la configuration
et de la distance des corps qui nous environnent.

Il faut examiner dans l'œil sa texture intérieure et sa texture extérieure. A l'extérieur
l'œil est entouré de trois organes protecteurs :
le sourcil, la paupière et l'appareil lacrymal. Le
sourcil est cette masse de petits poils qui se trouve
au bas du front et sert à adoucir la lumière trop
éblouissante, afin qu'elle ne blesse pas la délica-
tesse de l'œil; aussi ce protecteur est-il fortement
prononcé dans les pays chauds où la lumière du

soleil est beaucoup plus ardente que chez nous. En Italie, en Espagne, en Grèce, etc., les naturels ont tous les sourcils noirs, très fournis, et d'une forme convenable aux services qu'ils doivent rendre.

La paupière est ce voile qui s'abaisse sur la partie antérieure de l'œil, pour le prémunir contre les outrages de l'air, les inconvéniens de la poussière et l'énergie trop grande de la lumière.

En effet, il suffit de tenir quelques instans la paupière élevée de manière à découvrir entière-

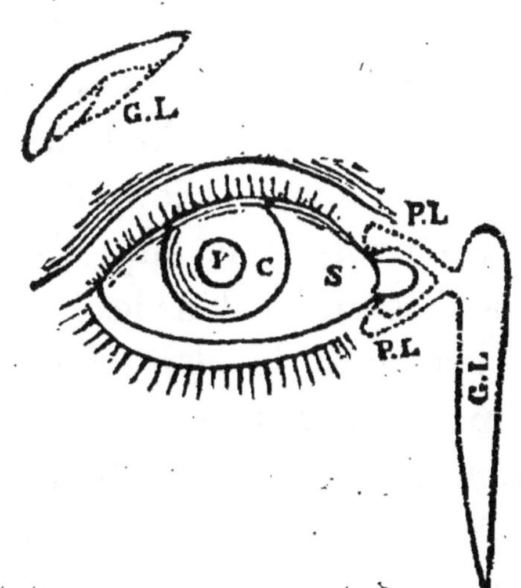

ment le globe de l'œil pour sentir le fâcheux effet produit par le contact de l'air et par l'approche de la poussière. Les cils, qui sont implantés dans la paupière ont pour emploi de protéger l'arrivée des rayons lumineux jusqu'à l'œil, sans dommage pour ses organes délicats.

Au-dessus du globe de l'œil se trouve une petite glande (G L) qui sécrète continuellement un liquide sans couleur, destiné à humecter sans cesse le globe de l'œil. Cette glande s'appelle glande lacrymale, le liquide qu'elle sécrète se nomme larmes. On sent parfaitement que si le liquide n'avait pas d'issue pour s'échapper, il déborderait la surface des paupières, et les joues se trouveraient toujours baignées de larmes ; mais celui qui a présidé à la construction et à l'organisation humaine a prévu ces inconvéniens et a placé dans le coin de l'œil deux canaux absorbans qui descendent le long du nez, et qui sont destinés à pomper le superflu du fluide lacrymal et à le conduire dans les fosses nasales. Lorsque le chagrin ou le plaisir contractent les points lacrymaux, assez fortement pour les empêcher de remplir exactement leurs fonctions, les larmes surabondantes, ne trouvant pas leur issue accoutumée, débordent et descendent sur les joues. Tels sont les organes extérieurs de l'œil.

Passons à l'étude du globe de l'œil. Le globe de l'œil a la forme d'une petite boule ; il est constitué par diverses membranes superposées les unes aux autres, comme le sont les différentes pellicules d'un marron ou d'un oignon; la boîte sphérique qui résulte de la réunion de ces membranes est remplie par des humeurs transparentes. On a donné divers noms à chacune des membranes de l'œil.

La plus extérieure, qui est blanchâtre et résistante, se nomme la sclérotique; c'est sur elle que s'attachent les muscles qui font mouvoir le globe de l'œil; la partie antérieure est transparente et porte le nom de cornée transparente (CT), la partie postérieure est opaque. La seconde

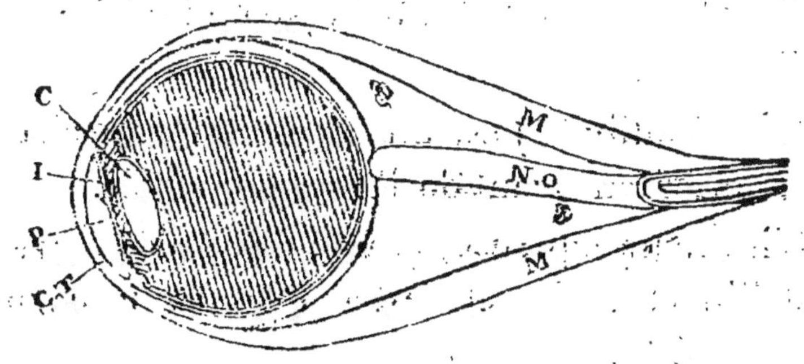

membrane de l'œil porte le nom de coroïde; elle est située derrière la sclérotique et la tapisse en noir. Cette membrane, en se prolongeant en avant, forme un voile mobile (I) qu'on nomme iris, et qui est percé à son centre; cette ouverture est la pupille (P); elle n'est pas toujours de même

grandeur, car l'iris, étant une membrane extrê-
mement sensible, se dilate lorsque la lumière
qu'elle reçoit est intense, et se contracte lorsque
cette lumière est douce; la pupille devient donc
plus ou moins grande.

La troisième membrane est la rétine, qui n'est
autre chose qu'un épanouissement du nerf op-
tique, chargé de porter au cerveau les sensations
éprouvées par l'œil et de produire ainsi la vision.

Les humeurs conténues dans ces diverses
membranes sont au nombre de trois : l'humeur
vitrée, le cristallin et l'humeur aqueuse.

L'humeur vitrée est une masse transparente,
molle, et qui occupe toute la partie intérieure de
l'œil.

Le cristallin (C) est un corps de forme circulaire, placé en avant de l'humeur vitrée.

L'humeur aqueuse, enfin, est placée entre le
cristallin et l'iris, et entre l'iris et la cornée
transparente.

Examinons maintenant la voix et voyons ce
qui permet à l'homme d'articuler des sons.

La voix n'est autre chose que la production
d'un son par le larynx; le larynx (L) est une
espèce de boîte cartilagineuse qui par son extrémité supérieure communique avec la bouche,

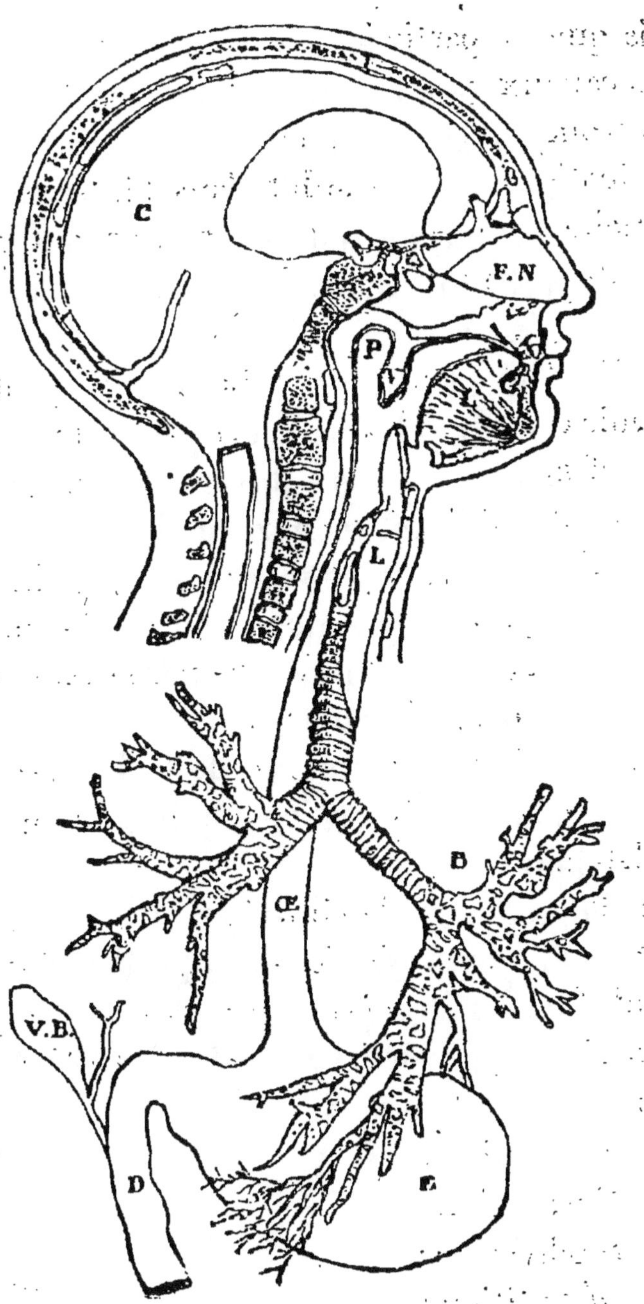

33
C
F.N
P
L
B
Œ.
V.B.
D
E

tandis que sa partie inférieure se divise en plusieurs canaux qu'on nomme bronches.

La voix constitue la parole, au moyen des modifications qu'elle subit dans l'intérieur de la bouche, où elle est soumise aux actions combinées du voile du palais, des joues, de la langue et des lèvres.

Voilà donc l'homme debout qui peut se mouvoir dans tous les sens, qui peut voir, saisir, sentir et goûter tous les objets qui l'entourent. Voyons maintenant comment il se nourrit, c'est-à-dire par quels moyens il empêche que tous ces appareils que nous venons de voir et d'examiner, abandonnés à eux-mêmes, ne se détruisent et ne s'anéantissent.

La nutrition se compose de trois opérations ou fonctions : la digestion, la respiration et la circulation.

La digestion est la fonction à la faveur de laquelle l'homme assimile en sa propre substance des substances étrangères dont il forme ses alimens. Il y a plusieurs actes de la digestion, savoir :

1° Préhension ;
2° Mastication ;
3° Insalivation ;
4° Déglutition ;

5° Chimification;

6° Chilification.

L'homme, au moyen de ses mains, saisit les alimens et les porte à la bouche; c'est ainsi que chez lui se passe le premier acte de la nutrition, c'est-à-dire la préhension des alimens.

Losque les alimens sont ainsi arrivés dans la bouche, il leur faut une certaine préparation avant de parvenir dans l'intérieur du corps : ceci est l'objet de la mastication : c'est à cet effet que la bouche est armée de dents qui, frappant les unes sur les autres, broient les alimens et en font une pâte, une espèce de mastic qui, pour glisser plus facilement dans l'œsophage, canal (Œ) qui se trouve immédiatement après la bouche (voir la figure, page 33), est humectée par la salive que fournissent sans cesse des glandes placées à l'extrémité des mâchoires. Il est à remarquer que ce n'est pas là le seul but de la salive et qu'elle commence la décomposition des alimens; alors la langue, après avoir bien mélangé la pâte avec le liquide, se dispose de manière à donner passage à la boulette. Remarquons, avant d'aller plus loin, que devant l'ouverture des fosses nasales se trouve le voile du palais, qui sert à empêcher la nouriture d'y remonter, de même que, devant le larynx ou canal de l'air, se trouve l'épi-

glotte, espèce de soupa pe qui empêche la nourriture de prendre le chemin de l'air, ce qui
évite cette toux que l'on éprouve lorsqu'on veut
parler en mangeant, toux qui ne cesse que lorsque l'objet qui était entré dans le larynx en a été
expulsé pour reprendre la route de l'œsophage.
C'est de la conformation et de l'éducation, pour
ainsi dire, de ce larynx que dépendent les diffé-
rences qui existent entre les voix de plusieurs
êtres vivans. L'œsophage, corps creux, élastique,
descend la boulette doucement jusqu'au cardia ,
nouvelle soupape qui ouvre l'entrée dans l'estomac. Cette soupape, s'ouvrant de haut en bas,
nous apprend d'où provient la douleur que nous
éprouvons lorsque nous sommes obligés de rendre quelque corps déjà parvenu dans l'estomac.
C'est dans cet organe que se passe l'opéra-
tion appelée chimification. Les boulettes descendant ainsi successivement dans l'estomac s'y
agglomèrent et s'y décomposent. A l'extrémité de l'estomac se trouve une nouvelle soupape qui porte le nom de pylore. Lorsque les
alimens sont parvenus à un point convenable
de chimification, ils viennent, pour ainsi dire,
frapper à cette soupape, qui alors ouvre un passage dans une partie du tube intestinal appelée
duodenum (D). Le tube intestinal est ce long tube

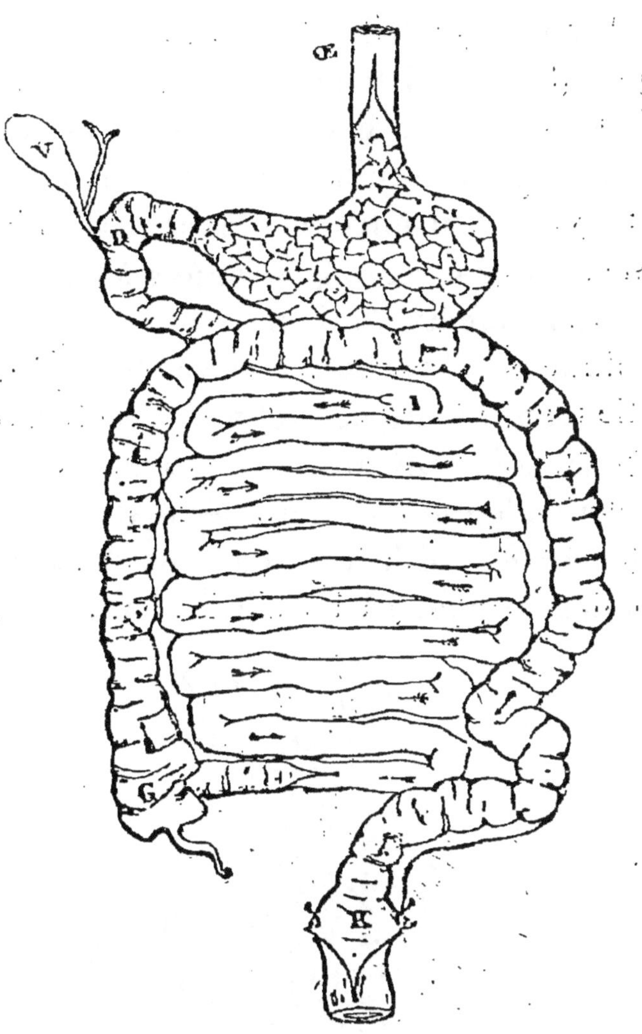

membraneux qui est contourné sur lui-même et
qui, par son extrémité inférieure, s'ouvre au de—
hors ; il se divise en deux parties : l'intestin
grêle, où se fait la digestion , et le gros intestin
qui sert de réservoir au résidu de la digestion.

Les alimens, une fois entrés dans ce long tube, y subissent immédiatement une nouvelle modification. A côté du foie se trouve la vésicule biliaire (V) qui communique avec le tube intestinal au moyen d'un autre petit tube particulier. Les alimens se trouvent alors soumis à l'action d'un liquide blanchâtre, qui a pour but de séparer dans les alimens la partie nutritive, le chyle, de la partie non nutritive; le chyle qui se forme ainsi est pompé par une infinité de canaux capillaires qui sont adaptés au tube intestinal dans toute sa longueur et qui le transmettent dans le réservoir de Pecquet (R P) ainsi nommé du nom

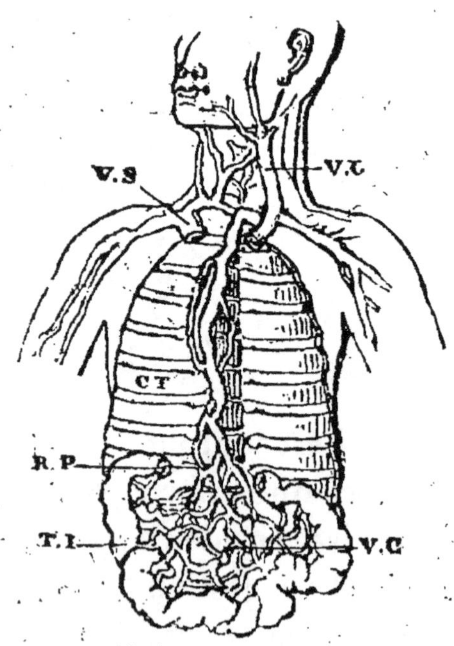

de celui qui le premier en remarqua les dispositions; de là il passe dans le canal thoracique
(C T.) qui le verse dans la veine sous-clavière
du côté gauche, où il se mêle à la masse du sang.
Le sang est un liquide particulier qui porte dans
toutes les parties du corps les substances propres
à leur entretien. Chez l'homme, le sang est
rouge; en l'examinant au microscope, on observe
qu'il est composé de deux parties distinctes,
savoir : un liquide jaunâtre, appelé serum, et une
foule de petits globules, solides, réguliers, de
forme circulaire et d'un beau rouge. Mais ce
sang d'un beau rouge perd de sa couleur à
mesure qu'il parcourt le corps et que chaque
partie lui enlève les propriétés nécessaires à la
nutrition ; alors il devient d'un rouge brun, et
dans cet état il ne possède plus aucune qualité
vitale.

Il y a donc deux espèces de sang : le premier
qu'on nomme sang artériel, le second sang
veineux. Tous deux coulent dans des canaux
différens dont les extrémités se joignent, et
forment ainsi un cercle complet dans lequel le
sang se meut ; c'est à cause de cela qu'on appelle
cette fonction (1), circulation. La circulation

(1) On appelle fonction l'action d'un organe isolé
ou de plusieurs organes réunis.

est donc une fonction double à l'aide de laquelle, 1° le fluide nutritif fourni par la digestion est envoyé aux poumons avec le sang veineux pour y être mis en contact avec l'air, au moyen de la respiration ; 2° ce fluide devenu sang artériel est envoyé dans tous les organes pour servir à leur développement et réparer leurs pertes. Examinons donc comment ont lieu ces deux opérations.

L'organe qui donne le mouvement au sang est le cœur qui se compose de deux parties, le ventricule veineux (V D) et le ventricule artériel (V G). A chacune de ces deux parties se trouve adaptée une espèce de poche (O D) (O G) qui prend le nom d'oreillette à cause de sa forme.

Occupons-nous d'abord de l'oreillette veineuse. A l'extrémité supérieure et à l'extrémité inférieure se trouvent deux veines, l'une appelée veine cave supérieure (V S), l'autre veine cave inférieure (V. I). C'est par ces deux veines que revient le sang, après avoir abandonné aux différens organes qu'il a parcourus tout ce qu'il contenait de vital. Il passe ainsi dans le ventricule veineux (V D), en sort par un canal situé à l'extrémité supérieure (A P) pour aller dans les poumons. Ce canal se sépare en deux branches, dont l'une va dans

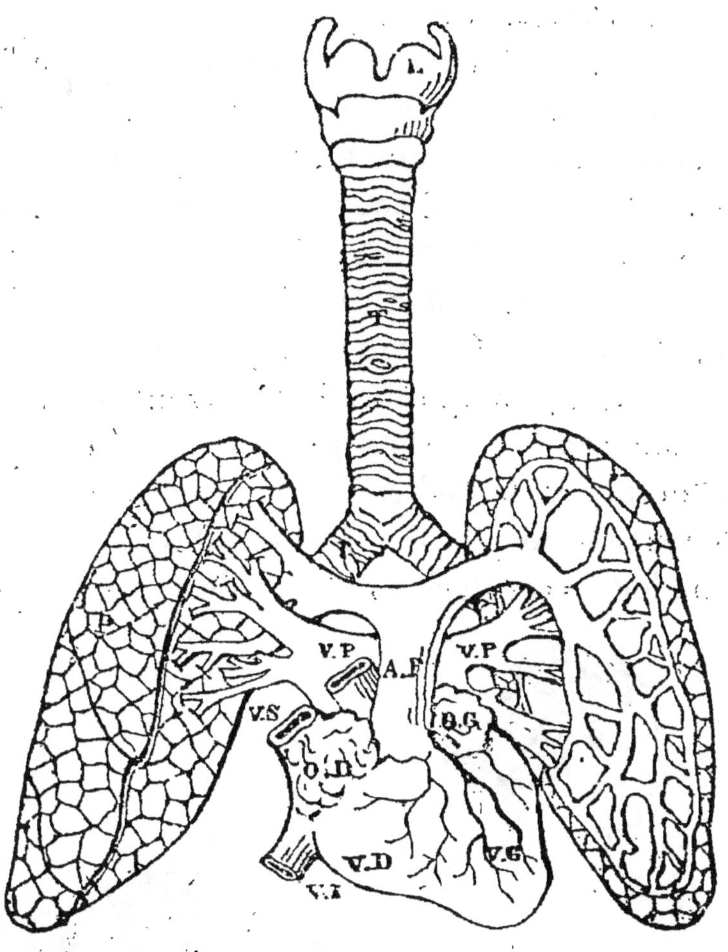

le poumon gauche, et l'autre dans le poumon droit.

Expliquons ce que c'est que le poumon. Comme on le voit dans la figure, le tuyau de la trachée (T) se sépare en deux nouveaux tuyaux, qui vont l'un et l'autre plonger dans une espèce de corps qui tient assez de la nature de l'éponge;

4.

ces deux tuyaux, en y pénétrant, se partagent
en une infinité de branches qui servent à in-
troduire l'air dans les deux corps spongieux
qu'on a nommés poumons. Ces corps spongieux,
placés dans la poitrine, y sont protégés par les
côtes qui les recouvrent ; c'est dans cette cavité
qu'ils peuvent subir à l'aise les mouvemens imprimés par l'inspiration et l'expiration. Mais un
funeste usage, auquel les femmes sont soumises,
fait souvent des côtes protectrices un moyen
de torture et de difformité. Je veux parler de la
fâcheuse tendance des jeunes filles à se serrer
dans leurs corsets dans le but de se rendre plus

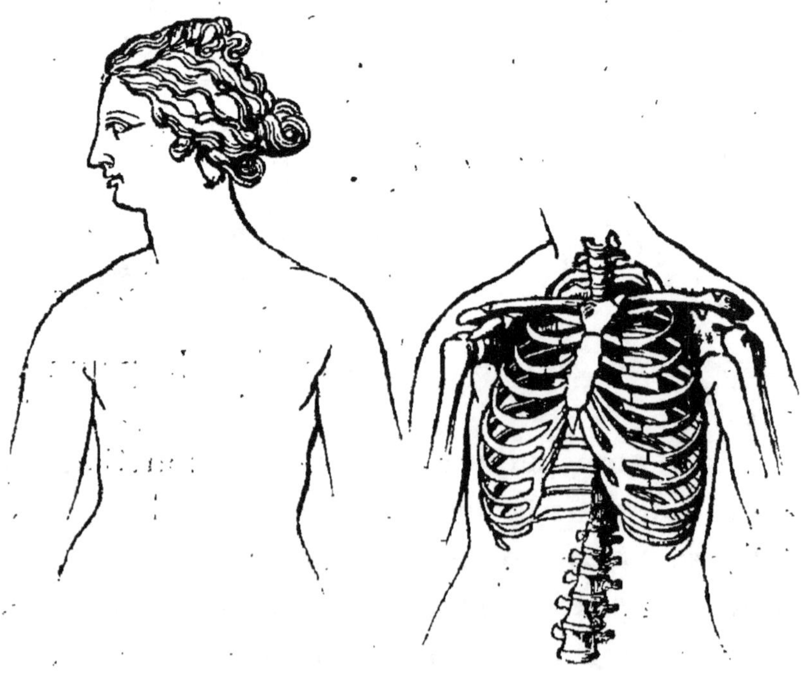

minces et plus élancées. Il en résulte de graves inconvéniens, car les poumons ne trouvant plus alors les moyens de se dilater à l'aise, perdent l'usage de leurs fonctions par la pression qu'ils sont obligés de supporter; de là de nombreuses maladies qui apportent la destruction dans cet organe important de la vie.

Les deux figures ci-jointes pourront donner une idée des nombreux accidens qui sont la conséquence nécessaire de cet usage.

Les figures nº 1 et nº 2 représentent le corps d'une femme tel que la nature le forme, et la manière dont ses côtes sont disposées à l'intérieur:

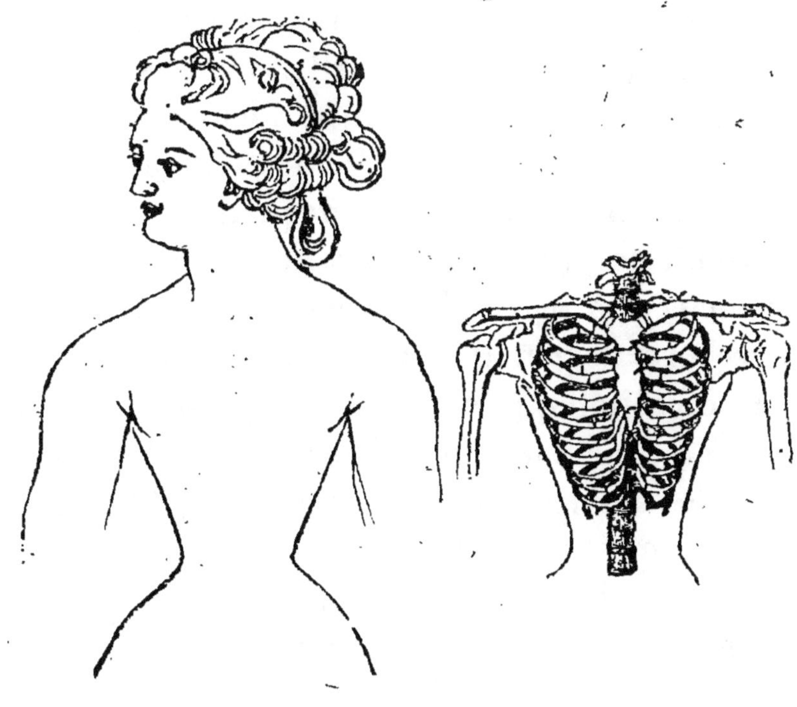

on voit qu'ici la cavité de la poitrine est assez vaste pour permettre les mouvemens de la respiration.

Dans les figures n° 3 et n° 4 au contraire, on a représenté le corps d'une femme tel que le rend le corset, ainsi que la manière dont les côtes se trouvent rapprochées dans ce dernier cas. On concevra sans peine à la seule inspection de ces figures tous les dangers d'un corset trop serré, et quelle doit être l'influence de cette funeste habitude sur la santé des jeunes personnes.

Mais revenons aux phénomènes de la respiration et de la circulation.

Les deux branches dont nous avons parlé tout à l'heure, qui transmettent le sang veineux aux poumons, se partagent aussi à leur entrée dans les poumons en une infinité de petites branches, qui vont chacune joindre une petite poche où arrive un des rameaux des bronches ; alors le sang veineux s'empare de l'oxigène de l'air, se combine avec lui et devient du sang artériel ; puis, prenant une direction qui lui est assignée, il sort des poumons, rentre dans l'oreillette gauche (O G) et passe dans le ventricule gauche ou artériel (V G). C'est cette combinaison du sang veineux, avec l'oxigène dans les poumons, qui produit le phénomène de la respiration. Ainsi la respiration est

une fonction à la faveur de laquelle un des élémens de l'air, se combine avec le produit de la
digestion (chyle) ou en fait un fluide nutritif.

D'après tout ce que nous venons de voir, il
est facile maintenant de deviner ce que devient
le chyle que nous avons laissé dans la veine sous-
clavière du côté gauche. Il gagne l'oreillette
droite du cœur, y pénètre et rejoint avec le
sang veineux les poumons où il se vivifie.

Voyons maintenant ce que devient le sang
artériel, lorsqu'il est arrivé dans le ventricule
gauche du cœur.

A l'extrémité supérieure se trouve une grosse
artère, l'aorte, qui se divise presque immédiatement en diverses branches, chargées de porter
la vie dans la tête et dans le bras droit et le bras
gauche. Après cette première division, l'aorte
continue son cours en se repliant sur elle-même,
et en descendant à travers le ventre, au bas duquel elle se partage en deux branches appelées
crurales, qui descendent dans les cuisses, à travers les jambes, jusqu'au bout des pieds. Enfin
lorsque les organes ainsi parcourus ont pompé
toute la partie nutritive que contenait le sang
artériel, ce fluide devenu sang veineux revient
au moyen des veines au ventricule droit, et de
là aux poumons où il se retrempe, pour ainsi

dire, dans l'oxigène. Les mouvemens imprimés au sang artériel ont leur cause dans les contractions musculaires du cœur, qui poussent le sang dans les artères, et occasionnent ainsi ces pulsations régulières qu'on peut sentir au poignet et dans tous les endroits où les artères s'approchent de la surface de la peau.

Les nombreuses ramifications des veines à la surface de la peau produisent un phénomène tout particulier qu'on nomme absorption ; c'est par lui seul qu'on peut expliquer comment un poison placé sur les lèvres, sur l'œil ou sur la plus petite écorchure de la peau, pénètre instantanément dans l'intérieur du corps et donne la mort aussi rapidement que s'il eût été porté directement à l'estomac. Le phénomène de l'absorption donne facilement les raisons de cet effet subit, puisqu'il transporte immédiatement le poison dans la circulation et lui donne ainsi les moyens de parcourir tout le corps aussi promptement que le sang lui-même qui lui sert de véhicule.

La figure ci-jointe, dans laquelle on a fait voir le cerveau à découvert et où l'on a enlevé tout ce qui recouvre la poitrine et l'intérieur de l'abdomen, pourra donner une idée assez exacte des rapports qui existent entre les différens organes

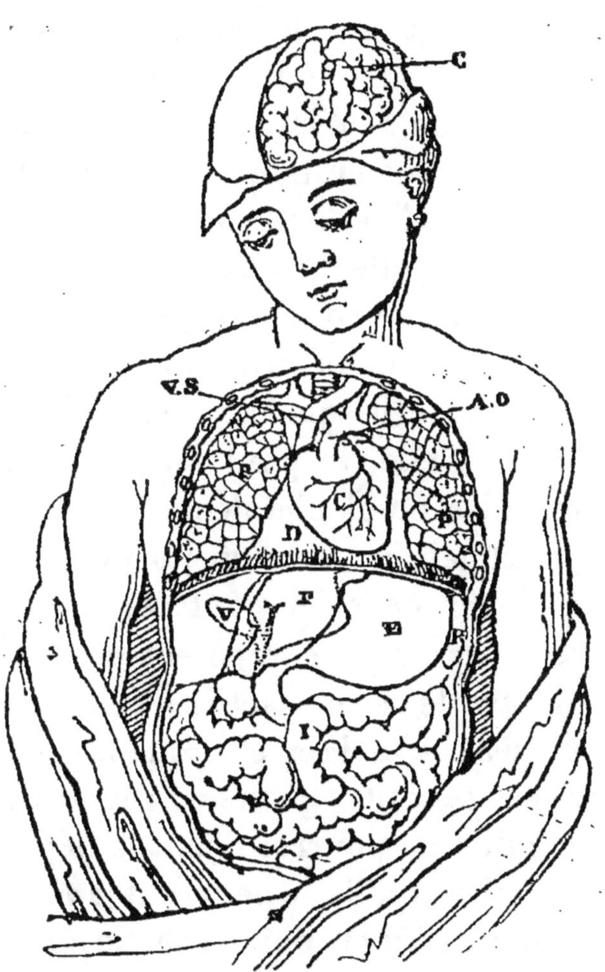

que nous avons décrits. On y remarquera en
outre que l'appareil (1) de la circulation et de
la respiration est séparé de l'appareil de la digestion, au moyen d'une cloison charnue appelée

(1) On appelle appareil l'assemblage de plusieurs
organes destinés à remplir une même fonction.

diaphragme, qui suit les mouvemens de la respiration, c'est-à-dire qui s'élève et s'abaisse, qui se contracte ou se dilate suivant les mouvemens alternatifs de l'inspiration ou de l'expiration.

Nous voilà initiés à tout ce merveilleux appareil qu'on appelle la machine humaine; nous avons successivement soumis à notre examen les divers élémens de sa structure, depuis la partie la plus centrale, le squelette, jusqu'à la couche la plus superficielle, la peau. Tout son admirable mécanisme a été l'objet de nos recherches et de nos investigations, et cependant nous n'avons pu découvrir dans cette intéressante étude que les agens passifs qui composent notre être, sans reconnaître les agens actifs qui les mettent en mouvement; c'est là en effet que se sont toujours arrêtés les premiers génies du monde. Il y a une limite qu'ils ne pourront jamais dépasser; il y a des ténèbres qu'ils ne pourront jamais éclairer; car, comme l'a dit le philosophe le plus religieux des temps modernes : La nature nous montre ses instrumens, mais elle nous cache son travail.